Ingrid Moras

Zaungäste aus Holz

Deko-Stecker & Windspiele

CHRISTOPHORUS
BRUNNEN-REIHE

SEIT MEHR ALS 30 JAHREN STEHT DER NAME „CHRISTOPHORUS“ FÜR KREATIVES UND KÜNSTLERISCHES GESTALTEN IN FREIZEIT UND BERUF. GENAUSO WIE DIESER BAND DER BRUNNEN-REIHE IST JEDES CHRISTOPHORUS-BUCH MIT VIEL SORGFALT ERARBEITET: DAMIT SIE SPASS UND ERFOLG BEIM GESTALTEN HABEN – UND FREUDE AN SCHÖNEN ERGEBNISSEN.

ISBN 3-419-56042-7

Styling und Fotos: Roland Krieg, Waldkirch
Textredaktion: Dr. Ute Drechsler-Dietz
Umschlaggestaltung: Network!, München
Produktion: Print Production, Umkirch
Druck: Freiburger Graphische Betriebe, 1999

CHRISTOPHORUS
Bücher mit Ideen

Inhalt

3 IM GARTEN IST WAS LOS!

4 WERKZEUG UND MATERIAL
4 LAUBSÄGE ODER DEKUPIERSÄGE
4 MASSIVHOLZ ODER LEIMHOLZ
5 WETTERFEST UND FARBIG
5 WEITERE WICHTIGE MATERIALIEN UND HILFSMITTEL
6 ZUR TECHNIK
6 DAS ÜBERTRAGEN DER VORLAGE
6 DAS AUSSÄGEN
6 DIE PROPELLER
6 DIE SCHLEIFARBEIT
7 DAS LEIMEN
7 DAS BEMALEN UND LACKIEREN
7 DAS AUFSTELLEN DER FIGUREN

8 ELCH UND SCHILDKRÖTE
10 KLAPPERVOGEL
12 ZEITUNGSDROLLI
14 SILBERNER ELEFANT
16 ZAUNKOBOLDE
18 FREUNDLICHER PELIKAN
20 WIE HUND UND KATZ
22 BAUMGEISTER
24 GOLDESEL
26 BESUCH AUS DEM SÜDEN
28 ZAPPELFÜSSLER
30 KRÄHENDER HAHN

Im Garten ist was los!

An diesen farbenfrohen, dreidimensionalen Zaungästen führt kein Blick vorbei: Der bunte Hahn verkündet, wer hier wohnt, Klappervogel und Goldesel halten unliebsame Besucher von den Beerensträuchern fern und der Spiralendrolli wartet auf die nächste Zeitung. Baumgeister blicken majestätisch aus den Blättern und bewegen im Wind langsam ihre Glieder, der Elefant zeigt seine Kunststücke. Nicht nur der Hund kann mit dem Schwanz wedeln, auch die „Zaunzappler" bewegen ihre Füße und die Schildkröte nickt mit dem Kopf. Tiere aus Afrika und dem hohen Norden kommen zu Besuch und kleine Kobolde erleuchten mit Kerzenlicht den Heimweg. Wenn Sie sich entschließen, diese Gartenwesen aus Holz auszusägen und mit ein wenig Farbe zum Leben zu erwecken, dann kann ich Ihnen nur noch viel Spaß und guten Erfolg bei der Arbeit wünschen und Sie im Kreis der Holzliebhaber ganz herzlich willkommen heißen!

Ingrid Moras

Werkzeug und Material

Laubsäge oder Dekupiersäge

Laubsäge
Wenn Sie nur mit einer Laubsäge-Grundausstattung arbeiten wollen, verwenden Sie am besten wasserfest verleimtes Sperrholz (4 mm). Dadurch werden die Figuren etwas weniger plastisch. Versiegelt mit Bootslack, halten aber auch sie den Witterungseinflüssen stand.
Sie benötigen dann:
- einen Laubsägebogen
- dünne Laubsägeblätter für Holz
- Sägetischchen mit Schraubklemme

Dekupiersäge
Wenn Sie stärkeres Holz (13 mm oder 20 mm) sägen wollen, sollten Sie eine Dekupiersäge verwenden. Lassen Sie sich in Fachgeschäften beraten, damit Sie nach Ihren Bedürfnissen und finanziellen Möglichkeiten das richtige Gerät auswählen.
Sie benötigen dann:
- eine Dekupiersäge
- je nach Modell Laubsägeblätter oder feine Stiftsägeblätter
(z.B. 135 x 2 x 0,25 mm) für Holz

Achten Sie darauf, daß die Sägezahnspitzen nach unten zeigen und daß das Sägeblatt gespannt ist. Ich verwende aus zwei Gründen nur das feinste Sägeblatt: Rundungen sind leicht und sauber auszusägen und das Holzstück muß nicht so fest gehalten werden, es kann deshalb auch leichter gedreht werden.

Massivholz oder Leimholz

In jedem Fall sollten Sie ein weiches Holz, z.B. Fichte, verwenden. Ich habe mich für Fichte-Dreischichtplatten entschieden, da sie sich nicht so leicht verziehen und springen wie Massivholz. Außerdem erhält man Dreischichtplatten auch in großen Maßen im Holzfachhandel. Für einige Details werden Rundhölzer, Vierkantleisten, Holzkugeln (aus Buchenholz) und wasserfest verleimtes Sperrholz verwendet.
Sie benötigen also:
- Fichte-Dreischichtplatten (13 mm und 20 mm)
- wasserfest verleimtes Sperrholz (4 mm)
- Rundhölzer
- Vierkantleisten
- Holzkugeln

Wetterfest und farbig

Wenn die Figuren Wind und Wetter trotzen sollen, ist es nötig, die Holzteile mit einem wasserfesten Holzleim aufeinander zu fixieren und sie nach der farblichen Gestaltung mit Acryl-Mattfarben mit einem wetterfesten Mattlack (z.B. Bootslack) gründlich zu versiegeln.
Benötigt wird:
- wasserfester Holzleim
- Acryl-Mattfarben (z.B. C. Kreul)
- wetterfester Mattlack (z.B. Bootslack)

Weitere wichtige Materialien und Hilfsmittel

Transparentpapier, weicher und harter Bleistift zum Übertragen der Vorlagen. Schmirgelschwamm, feines Schmirgelpapier (Körnung 180 und feiner) zum Glattschleifen der Kanten, ein feuchtes und ein trockenes Tuch zum Abwischen von Staub und Leim. Schraubzwingen; runder, spitzer Pinsel (Größe 2) und flacher Pinsel (Größe 10 oder größer) für die Acrylfarben, ein Pinsel mit Chinaborsten für den Bootslack, ein Wasserglas.
Dünne Nägel, Schrauben, Ringschrauben, Schraubhaken, Hammer, Schraubenzieher, Nylonfaden (0,35 mm Durchmesser zum Verbinden von Einzelteilen, 0,50 mm Durchmesser für Aufhängungen).
Bohrer in verschiedenen Größen, Bohrgerät, Rundhölzer oder Aluminiumstangen zum Aufstecken der Figuren (je nach Dicke des Holzes und nach Länge des Stabes: 6 mm oder 8 mm oder 10 mm Durchmesser).

Anmerkung:
Säge, Bohrer, Schmirgelpapier, Bootslack und die anderen in der Einleitung erwähnten Materialien werden stets für alle Beispiele benötigt. Sie werden daher, ebensowenig wie der Rundstab zum Aufstecken, nicht jedesmal eigens erwähnt.

Zur Technik

Tip:
Ist der Schwamm abgerieben, einfach Schmirgelpapier herumlegen.

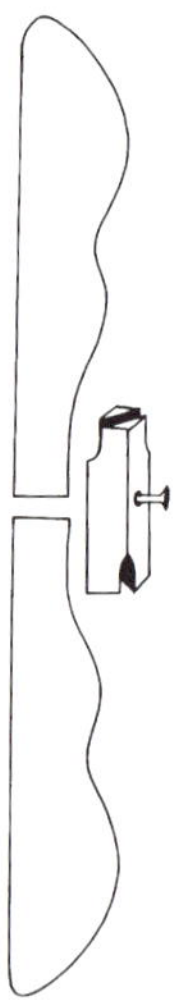

Das Übertragen der Vorlage

Die Vorlage mit einem weichen Bleistift kräftig auf Transparentpapier übertragen. Das Papier mit den Bleistiftspuren auf das Holz legen, mit einem harten Bleistift die Linien nachfahren.

Das Aussägen

Den Laubsägebogen mit sanftem Druck auf und ab bewegen, bei der Dekupiersäge das Holz ganz leicht gegen das Sägeblatt drücken. Immer gilt: Bei Kurvenschnitten nie die Säge drehen, sondern das Holz in die gewünschte Richtung schieben. Bei Zacken zuerst den Umriß von Spitze zu Spitze aussägen, dann in zwei Schnitten die einzelnen Zacken herausschneiden. Beim Zurückziehen des Sägeblattes durch den ersten Schnitt muß das Sägeblatt in Bewegung sein und das Holz immer so gedreht werden, daß das Sägeblatt senkrecht bleibt.

Die Propeller

Für jeden Propeller zwei Flügel aus Sperrholz (4 mm) aussägen, von einer Vierkantleiste (10 x 10 mm) ein 4 cm langes Stück absägen und einen dünnen Nagel mit Kopf sowie eine kleine Perle zum Darüberschieben bereitlegen. Die Vierkantleiste in der Mitte so durchbohren, daß sie sich leicht auf dem Nagel dreht. Bei der Vierkantleiste an den Enden jeweils diagonal, aber gegenläufig, 10 mm weit Schlitze von 4 mm Breite einsägen und die Flügel so einleimen, daß beide geraden Seiten in eine Richtung zeigen. Den Propeller mit dem Nagel und der Perle als Abstandhalter locker an der Figur befestigen.

Die Schleifarbeit

Mit Schmirgelpapier alle Flächen (auch die Schnittflächen) kreuz und quer glätten. Den letzten Schliff immer in Richtung der Maserung ausführen. Für das Rundschleifen der Kanten, die nach außen zeigen, eignet sich ein feiner Schmirgelschwamm gut, diesen immer von innen nach außen führen. Die Kanten der Flächen, die aufgeleimt werden, nicht rund schleifen.

Das Leimen

Mit einem trockenen Tuch die Teile staubfrei wischen. Den wasserfesten Holzleim dünn über die gesamte auf ein anderes Motivteil auftreffende Fläche verstreichen. Die Holzteile mit Schraubzwingen zusammenpressen, dabei dünnes Holz oder dicke Pappe oben und unten dazwischenlegen. Heraustretenden Leim sofort mit einem feuchten Tuch wegwischen.

Das Bemalen und Lackieren

Wenn die Holzstruktur sichtbar bleiben soll, die Acrylfarben etwas mit Wasser verdünnen. So gelingen fließende Farbverläufe: Die Fläche vorher mit Wasser anfeuchten oder die zweite Farbe gleich in die erste Farbe hineinsetzen. Immer die hellere Farbe zuerst auftragen und Farbansätze mehrmals mit dem Pinsel überstreichen.

Die wetterfeste Lackierung der Figuren, z.B. mit mattem Bootslack, führen Sie am besten an einem schönen Tag im Freien aus.

Das Aufstellen der Figuren

Direkt am Zaun
Dazu in der Figur und im Zaun ein ca. 5 cm langes Loch bohren (8 mm Durchmesser). Ein 10 cm langes Stück vom Holz- oder Aluminiumstab (8 mm Durchmesser) absägen, in das Loch im Zaun schieben und die Figur daraufstecken.

Im Garten, am Balkon
Die Figuren auf Rundstäbe (Holz oder Aluminium) stecken. Bei einer Holzstärke von 20 mm können Loch und Rundstab einen Durchmesser von 8 bis maximal 10 mm haben, bei einer Holzstärke von 13 mm nur einen Durchmesser von 6 bis 8 mm. Am Balkon den Stab an zwei Stellen mit einem dünnen Draht festbinden.

Tip:
Zwischenräume mit einem Wattestäbchen bemalen.

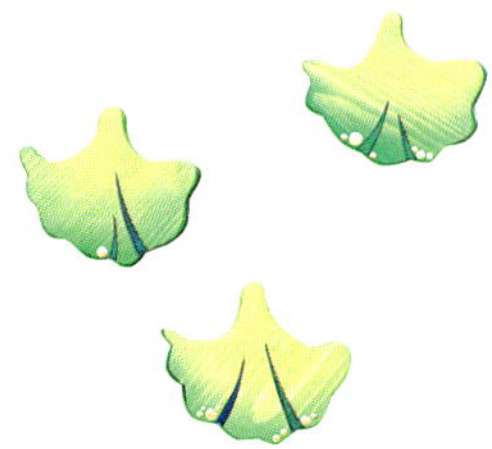

Elch und Schildkröte

Material

Elch:

- **Acryl-Mattfarben in Metallic-Gold, Rehbraun, Schwarz, Weiß**
- **Holzplatte (13 mm)**
- **Rundstab (6 mm ∅)**

Schildkröte:

- **Acryl-Mattfarben in Metallic-Gold, Rehbraun, Schwarz, Weiß**
- **Holzplatten (20 mm und 13 mm)**
- **1 Ringschraube (12 x 4 mm)**
- **1 Schraubhaken (2,8 x 20 mm)**
- **Maler-Klebeband**
- **Zwirn**
- **evtl. Folie, Lineal, Cutter und Schablonenpinsel**

Vorlagen

A, B

Elch

Die drei Teile aussägen, schmirgeln und mit wasserfestem Holzleim aufeinander befestigen. Den Elch bis auf die Augen mit leicht verdünnten Acrylfarben bemalen. Das Geweih bleibt unbemalt, nur am Ansatz ein wenig Gold auftragen, am Übergang mit Wasser vermischen und langsam auslaufen lassen. Mit unverdünntem Schwarz und Weiß die Augen malen. In den Fuß ein Loch für den Rundstab (6 mm) bohren.

Nickende Schildkröte

1 Das schmale Mittelstück des Panzers und die Beine aus der dicken, die seitlichen Teile des Panzers und den Kopf aus der dünneren Platte aussägen, schmirgeln. In das Mittelstück an der angegebenen Stelle eine Ringschraube eindrehen (vorbohren!). Die beiden Teile des Panzers mit Hilfe des Zwischenstückes und des Beinteils aufeinanderleimen. In den vorderen Fuß ein Loch für den Rundstab bohren.

2 Mit einem Klebeband einen Faden am Hals festkleben (s. markierten Bereich). Den Faden hochheben und kontrollieren, ob der Kopf waagerecht hängt. An der Stelle, wo der Faden aus dem Klebeband austritt, den Schraubhaken eindrehen. Diesen in der Ringschraube einhängen. Jetzt kann die Schildkröte nicken.

3 Kopf und Füße mit verdünnten Farben bemalen, für Gesicht und Panzer unverdünnte Farben verwenden. Die schmalen Stege bleiben unbemalt. Die Felder auf der Oberseite des Panzers weiterführen.

Tip: Das Bemalen geht leichter, wenn Sie eine Schablone fertigen: Aus einer Folie (z.B. Klarsichthülle) mit einem Cutter die Felder des Panzers auf einer schnittfesten Unterlage ausschneiden. Die Schablone an drei Stellen mit Klebeband fixieren und die Aussparungen in senkrechten Stupfbewegungen mit einem Schablonenpinsel von innen nach außen bemalen.

Klappervogel

Material

- **Acryl-Mattfarben in Maigrün, Petrol, Ultramarinblau, Karmin, Orange, Schwarz, Weiß**
- **Holzplatte (13 mm)**
- **5 dünne Bambusstäbe in Blaugrün (hier 25 cm lang) dünner und dicker Nylonfaden**

Vorlage C

1. Den Vogelkörper, die beiden Schnabelteile und die Füße aussägen und nach dem sorgfältigen Schmirgeln der Kanten und Flächen mit wasserfestem Holzleim aufeinanderkleben.

2. Mit leicht verdünnten Acryl-Mattfarben bemalen, das Auge mit unverdünntem Schwarz und Weiß aufsetzen.

3. Am oberen Rand des Kopfes ein Loch und am unteren Rand des Bauches fünf Löcher bohren. Die fünf Bambusstäbe ebenfalls durchbohren und mit einem dünnen Nylonfaden am Vogel anbinden. Für die Aufhängung oben einen stärkeren Nylonfaden verwenden. Alles, auch die Bambusstäbe, mit Bootslack lackieren.

Zeitungsdrolli

Material

- **Acryl-Mattfarben in Schwarz, Weiß, Goldgelb, Orange, Karmin, Petrol, Maigrün, Metallic-Gold, Ultramarinblau**
- **Holzplatten (20 mm und 13 mm)**
- **Rundstab (20 mm ∅)**
- **2 Schrauben (max. 4 cm lang)**
- **Bohrer**

Vorlage D

1 Alle Teile aussägen, wie auf dem Vorlagenbogen angegeben, schmirgeln und mit wasserfestem Holzleim verbinden. Dabei die 20 mm dicke Schicht zwischen den zwei „Spiralköpfen" einkleben, die hintere Spirale ist etwas nach links versetzt (s. gestrichelte Linie). Die Hinterbeine auf beiden Seiten aufleimen.

2 Zur Sicherheit die drei Lagen Holz jeweils in der Mitte der Augen mit zwei Schrauben verbinden. Dazu vorher ein Loch bohren, die Schraube eindrehen und den Kopf der Schraube leicht versenken. Vom Rundstab zwei 5 mm lange Stücke abschneiden und als Augen über den Schraubenköpfen aufleimen.

3 Das Phantasietier mit leicht verdünnten Farben anmalen, dann die vordere Spirale und den Schwanz mit unverdünnten Farben bemalen. Beim Gesicht die Farben ebenfalls unverdünnt auftragen. In die mittlere, dicke Holzschicht ein Loch für den Rundstab zum Aufstecken bohren.

Heute
mit

Material

Elefant:

- **Acryl-Mattfarben in Metallic-Silber, Metallic-Blau, Schwarz, Ultramarinblau, Weiß**
- **Holzplatten (20 mm und 13 mm)**
- **1 Schraubhaken (2,8 x 20 mm)**

Rüssel:

- **1 Holzkugel (35 mm ∅)**
- **je 2 Holzkugeln (30 mm, 25 mm, 20 mm und 15 mm ∅)**
- **Nylonfaden (0,5 mm ∅)**

Propeller:

- **Sperrholz (4 mm)**
- **Vierkantleiste (10 x 10 mm)**
- **1 dünner Nagel mit Kopf**
- **1 kleine Perle**

Vorlage E

Silberner Elefant

❶ Alle Teile aussägen (s. Vorlage), schmirgeln und mit Holzleim aufeinander fixieren. Einen Schraubhaken am Rüsselansatz eindrehen.

❷ Eine 15-mm-Holzkugel in die Mitte eines Nylonfadens schieben, dann auf die zusammengefaßten Fadenenden die weiteren Kugeln in der angegebenen Reihenfolge aufziehen. Die Enden so verknoten, daß die Fäden gespannt sind und der Knoten in der letzten Kugel verschwindet. Mit Hilfe einer Stricknadel die Fadenschlinge über die Holzkugeln herausziehen und im Schraubhaken einhängen. (Nach dem Entfernen der Stricknadel rutscht der gedehnte Faden zurück, Knoten und Schraubhaken verschwinden in der Bohrung der Kugel.)

❸ Den Propeller fertigen, wie auf Seite 6 beschrieben, und hinten anbringen. In den unteren Fuß ein Loch für den Rundstab bohren. Den Elefanten bemalen.

Zaunkobolde

Material

Zaunkobold:

- **Acryl-Mattfarben in Maigrün, Moosgrün, Ultramarinblau, Karmin, Metallic-Gold, Schwarz, Weiß**
- **Holzplatte (13 mm)**
- **Nylonfaden**

Heimleuchterchen:

- **Acryl-Mattfarben in Goldgelb, Karmin, Maigrün, Moosgrün, Ultramarinblau, Schwarz, Weiß**
- **Holzplatte (13 mm)**

Vorlagen

F, G

Zaunkobold

❶ Alle Teile aussägen, die Mundpartie aufleimen. Alle Kanten und Ecken durch Schmirgeln abrunden. Durch den Körper kleine Löcher für die Arme und Beine bohren. Die Arm- und Beinglieder und die Füße in der angegebenen Weise von der Seite her mit einem dünnen Bohrer durchbohren.

❷ Alle Teile des Zaunkobolds mit leicht verdünnten Acrylfarben bemalen. Das Gesicht sowie die Trennlinien um das Innenohr und die Haarbüschel mit unverdünntem Schwarz aufmalen. Nach dem Lackieren der einzelnen Teile mit Bootslack alles mit Hilfe von kurzen Nylonfäden zusammenbinden, wie die Vorlage verdeutlicht. Von unten her ein Loch für den Rundstab bohren.

Heimleuchterchen

❶ Alle Teile aussägen, die Kanten durch Schmirgeln abrunden und alles zusammenleimen, wie die Vorlage zeigt.

❷ Das Heimleuchterchen mit leicht verdünnten Acrylfarben bemalen. Das Gesicht und die Trennlinien der Flammen um die Augen mit unverdünntem Schwarz aufmalen. Von unten her ein Loch für den Rundstab bohren. Ein Teelicht zwischen die „Finger" klemmen.

Freundlicher Pelikan

Material

- **Acryl-Mattfarben in Weiß, Perlmutt-Weiß, Türkis, Goldgelb, Rehbraun, Schwarz**
- **Holzplatte (20 mm)**

Vorlage H

❶ Die fünf Schichten des Pelikans aussägen. In die mittlere Schicht am Bauch unten am besten gleich ein Loch für den Rundstab bohren. Nach der gründlichen Schmirgelarbeit die Flügelschichten mit wasserfestem Leim ankleben, wie die Vorlage verdeutlicht.

❷ Den Pelikan mit einem Gemisch aus Weiß und Perlmutt-Weiß bemalen und im Bereich der Kanten mit etwas Türkis schattieren. Den Schnabel und die Füße in Goldgelb und Rehbraun halten.

Wie Hund und Katz

Material

Hund:

- **Acryl-Mattfarben in Weiß, Perlmutt-Weiß, Metallic-Gold, Rehbraun, Schwarz**
- **Holzplatten (20 mm und 13 mm)**
- **Rundstab (20 mm ∅)**
- **Vierkantleisten (15 x 20 mm, 10 x 10 mm)**
- **Sperrholz (4 mm)**
- **1 kleine Perle**
- **1 dünner Nagel mit Kopf (ca. 35 mm lang)**

Katze:

- **Acryl-Mattfarben und Holzplatten wie beim Hund**

Vorlagen

J, K

Hund

❶ Alle Teile glattschmirgeln und mit Holzleim aufeinander fixieren. Vom Rundstab zwei 5 mm lange Abschnitte absägen und auf beiden Seiten der Nase zusätzlich aufleimen.

❷ Von der rechteckigen Vierkantleiste ein 15 mm langes Stück absägen und an der mittleren Schicht des Hundes hinten festkleben. Von der quadratischen Vierkantleiste für den Propeller ein 40 mm langes Stück absägen, an den Enden jeweils diagonal einsägen, um die Blätter aus Sperrholz einleimen zu können, und in der Mitte durchbohren (s. Vorlage J, vgl. auch die genaue Beschreibung auf Seite 6). Mit einem Nagel den Propeller so befestigen, daß etwas Spielraum bleibt, dabei eine Perle als Zwischenstück aufschieben.

❸ Den Hund mit etwas verdünnten Acrylfarben bemalen, dabei die Farbtöne ineinander übergehen lassen. Bei den Pfoten Rehbraun mit etwas Schwarz abdunkeln.

Katze

Die Katze fertigen, wie die Vorlage zeigt, und in den gleichen Farben wie den Hund bemalen. Wer Propeller mag, könnte einen an der Schwanzspitze mit einem dünnen Nagel und einer Perle als Zwischenstück befestigen.

Baumgeister

Grüner Baumgeist

Alle Teile aussägen, schmirgeln und mit verdünnten Grüntönen bemalen. Zacken in Blau aufmalen und mit einer dünnen schwarzen Linie umgeben, goldfarbene Kreise aufsetzen. Die kleinen Kugeln mit unverdünntem Gold bemalen. Die große Kugel in geschwungene Felder aufteilen, mit unverdünnten Farben bemalen, dann durch eine dünne schwarze Linie voneinander trennen. Die Teile an den angegebenen Stellen durchbohren und mit Nylonfäden verbinden.

Bunter Baumgeist

Fertigen, wie die Vorlage verdeutlicht und wie oben beschrieben. Den Kopf in spitz zulaufende Felder unterteilen und mit unverdünnten Farben bemalen. Für die übrigen Flächen die Farben etwas verdünnen. Die einzelnen bunten Blätter durch dünne schwarze Linien voneinander trennen. Kleine Blätter in unverdünntem Gold aufmalen und mit einer schwarzen Linie umgeben.

Material

Grüner Geist:

- Acryl-Mattfarben in Maigrün, Moosgrün, Ultramarinblau, Metallic-Gold, Schwarz
- Holzplatte (13 mm)
- 2 Holzkugeln (15 mm ∅)
- 1 Holzkugel (50 mm ∅)
- Nylonfaden

Bunter Geist:

- Acryl-Mattfarben in Goldgelb, Karmin, Maigrün, Moosgrün, Ultramarinblau, Metallic-Gold, Schwarz
- Holzplatte (13 mm)
- 2 Holzkugeln (15 mm ∅)
- 1 Holzkugel (50 mm ∅)
- Nylonfaden

Vorlagen

L, M

Goldesel

Material

- **Acryl-Mattfarben in Silber, Enzianblau, Ultramarinblau, Schwarz, Weiß**
- **Holzplatten (20 mm und 13 mm)**
- **Goldfolie (z.B. von Schokolade-Goldtalern)**
- **Nylonfaden (0,15 mm ∅)**
- **Kraftkleber**

Vorlage N

1. Alle Schichten aussägen und nach dem Rundschleifen der Außenkanten und Glattschmirgeln der Flächen mit wasserfestem Leim aufeinanderkleben.

2. Mit Acrylfarben bemalen, dabei die Blautöne ein wenig mit Wasser verdünnen. Größere Flächen etwas schattieren, z.B. am Bauch Silber nach unten in Ultramarinblau übergehen lassen. Zuletzt alle weißen und schwarzen Details aufmalen. In den Fuß ein Loch für den Rundstab bohren.

3. „Taler“ aus dicker Goldfolie je zweifach ausschneiden oder einige Hüllen von Schokolade-Goldtalern mit dem Fingernagel glattstreifen. Zwei transparente Fäden am Schwanz anknoten und diese beim Zusammenkleben der Taler mit einem Kraftkleber dazwischenfassen.

Besuch aus dem Süden

Material

- **Acryl-Mattfarben in Orange, Goldgelb, Maigrün, Moosgrün, Ultramarinblau, Schwarz, Weiß**
- **Holzplatten (20 mm und 13 mm)**
- **3 Rundstäbe aus Holz (10 mm, 16 mm und 20 mm ∅)**
- **Streifen eines roten Lacktuches (ca. 5 mm breit, 50 cm lang)**
- **Wattestäbchen**

Vorlage **0**

1 Das Dreihorn-Chamäleon mit dem angeschnittenen unteren Horn aus einer 20 mm dicken Holzplatte aussägen und schmirgeln. Vor dem Aufleimen der Beine und der Kopflagen ein Loch für den Rundstab zum Aufstecken (8 mm Durchmesser) bohren.

2 Von den drei Rundstäben je zwei ca. 5 mm lange Abschnitte absägen und als Augen auf beiden Seiten bzw. aufeinander mit Holzleim fixieren. Der größte Kreis um das Auge (s. gepunktete Linie) ist aufgemalt.

3 Das Chamäleon mit verdünnten Acrylfarben bemalen. Für die runden Schuppen mit einem Wattestäbchen kleine Kreise in verschiedenen Farben auftupfen.

4 Nach dem Lackieren die rote Zunge aus einem Lacktuch oder einem anderen wetterfesten Material in der Mundöffnung einkleben.

Zappelfüßler

Material

Grünes Tier:

- **Acryl-Mattfarben in Goldgelb, Maigrün, Moosgrün, Ultramarinblau, Schwarz, Weiß**
- **2 Ringschrauben (12 x 4 mm)**
- **2 Schraubhaken (2,8 x 20 mm)**
- **dünner Bohrer**

Rotes Tier:

- **Acryl-Mattfarben in Goldgelb, Orange, Karmin, Violett, Enzianblau, Schwarz, Weiß**
- **4 Ringschrauben**
- **4 Schraubhaken**

für beide:

- **Rundstab (8 mm ∅)**
- **Holzplatte (13 mm)**
- **Maler-Klebeband**
- **Zwirnsfaden**
- **dünner Bohrer**
- **Klebeband**

Vorlagen

P, R

1. Der zwei- und der vierfüßige Zappelfüßler werden gleich gefertigt: Jeweils die fünf Schichten des Tieres aussägen und nach dem Schmirgeln in der angegebenen Reihenfolge aufeinanderleimen. Die nötige Anzahl an Beinen aussägen. Alles mit Acrylfarben von oben nach unten bemalen.

2. Mit einem dünnen Bohrer in die unterste Schicht (Nr. 1) von unten her ein Stück weit zwei bzw. vier Löcher bohren (nicht zur Oberseite durchbohren!) und die Schraubhaken eindrehen. Von unten her in der Mitte ein Loch für den Rundstab (8 mm Durchmesser) bohren.

3. Die Füße müssen genau waagrecht hängen, damit sie schön zappeln. Da es beim Aussägen unvermeidlich zu kleinen Ungenauigkeiten kommt, ist es notwendig, bei jedem Fuß den genauen Mittelpunkt zu ermitteln. Dazu einen Faden irgendwo innerhalb des aufgezeichneten Kreises (s. Vorlage) mit einem Stück Klebeband auf den Fuß kleben, den Fuß am Faden hochheben. Hängt der Fuß ganz waagerecht, neigt er sich also weder nach vorne noch nach hinten oder zur Seite, den Austrittspunkt des Fadens aus dem Klebestreifen am Fuß markieren und an dieser Stelle eine Ringschraube eindrehen. Hängen die Zehen z.B. nach unten, muß der Klebestreifen mit dem Faden etwas zu den Zehen hin aufgeklebt werden usw. Die Füße mit den Ringschrauben zum Schluß so in die Schraubhaken einhängen, daß sie nach außen zeigen und sich hinten nicht gegenseitig in ihrer Bewegung behindern. Nach Bedarf die Stellung der Schraubhaken ändern.

Krähender Hahn

Material

- **Acryl-Mattfarben in Karmin, Orange, Maigrün, Moosgrün, Enzianblau, Ultramarinblau, Violett, Schwarz, Weiß**
- **Holzplatten (20 mm und 13 mm)**
- **Sperrholz (4 mm)**
- **Nylonfaden**
- **dünner Bohrer**

Vorlage S

1. Den Hahn aus der 20 mm dicken Holzplatte aussägen, schmirgeln und auf beiden Seiten das 13 mm dicke Kopfteil und die beiden Flügelschichten aufleimen.

2. Die herabhängenden Schwanzfedern aus Sperrholz ausschneiden und mit verdünnten Acrylfarben bemalen. Wenn Sie einen kurzen Namen haben, können Sie mit unverdünntem Schwarz die Buchstaben auf die Federn schreiben. Den Hahn zum Teil mit verdünnten, zum Teil mit unverdünnten Acrylfarben bemalen.

3. Am unteren Rand des Hahnes entsprechend viele dünne Löcher bohren, ebenso am oberen Rand der Schwanzfedern, diese mit einem Nylonfaden am Hahn befestigen. Für den Rundstab in die dicke Holzschicht ein Loch bohren.

MORAS

Neben dieser Auswahl aus der Brunnen-Reihe haben wir noch viele andere Bücher im Programm:

Hobby- und Bastelbücher, Bücher zum Spielen und Lernen mit Kindern, Ratgeber-Bücher für Eltern

Wir informieren Sie gerne - fordern Sie einfach unsere neuen Prospekte an.

3-419-55979-8

3-419-56004-4

3-419-55879-1

3-419-56006-0

3-419-55925-9

Wir sind für Sie da, wenn Sie Fragen zu AutorInnen, Anleitungen oder Materialien haben. Und wir interessieren uns für Ihre eigenen Ideen und Anregungen. Faxen, schreiben Sie oder rufen Sie uns an. Wir hören gerne von Ihnen! Ihr Christophorus-Verlag

CHRISTOPHORUS
Bücher mit Ideen

Hermann-Herder-Str. 4 / 79104 Freiburg i. Breisgau
Tel: 0761/2717-0 oder Fax: 0761/2717-352